地下水与海绵城市

孙 颖 主编

董 佩 王蕴平 刘德军 副主编

科学出版社

北 京

内 容 简 介

经过多年的实践，我国的海绵城市建设取得了一定进展，也发现了一些问题。例如，作为重要的自然资源，地下水与海绵城市建设到底有什么关系？地下水在城市建设中又处于什么样的位置？这一系列问题都需要解决。

本书由地下水科技工作者集体创作，可以促进民众，特别是青少年科学素质的提升，同时也可为水资源管理、城市规划管理和建设部门提供参考，并可供相关领域的从业人员交流使用。

图书在版编目（CIP）数据

地下水与海绵城市 / 孙颖主编. — 北京：科学出版社，2022.3

ISBN 978-7-03-071829-7

Ⅰ. ①地… Ⅱ. ①孙… Ⅲ. ①地下水－关系－城市建设－研究 Ⅳ. ①P641.13②TU984

中国版本图书馆CIP数据核字（2022）第039488号

责任编辑：王　运 / 责任校对：张小霞
责任印制：吴兆东 / 封面设计：北京美光

科学出版社 出版
北京东黄城根北街16号
邮政编码：100717
http：//www.sciencep.com

北京九州迅驰传媒文化有限公司印刷

科学出版社发行　各地新华书店经销

*

2022年3月第　一　版　开本：720×1000　1/16
2025年2月第二次印刷　印张：6
字数：120 000

定价：98.00 元

（如有印装质量问题，我社负责调换）

《地下水与海绵城市》编委会

主　　编：孙　颖

副 主 编：董　佩　王蕴平　刘德军

编　　委：李　鹏　李志萍　陆海燕　王新娟　许苗娟　张　院　韩　旭　刘　殷　卢忠阳　路　明　张　雪　王春霞　王桂芳　刘云飞

主编简介

孙颖，1973 年出生，博士，地质勘探专业教授级高级工程师，北京市水文地质工程地质大队（北京市地质环境监测总站）副总工程师、水资源研究所所长。任北京地质学会理事、水文地质专业委员会主任委员，清华大学、首都师范大学校外研究生导师。主要从事水文地质研究工作，在水资源评价、水文地质研究、地质环境和地热等领域均有较多研究成果。近年来致力于地下水科学传播工作，建立了全国首个科技工作者组成的地下水科普团队，开展了大量地下水科学普及工作，带动了地下水科学的发展，促进了全民地下水科学素质的提升，也为地下水科技工作者服务社会、造福人类探索了一条新的路径。

完成国家专利申请 3 项，参与软件著作权申报 3 项，撰写学术论文 50 余篇。2010 年入选“新世纪百千万人才工程”北京市级人选；2016 年荣获中国地质学会第二届“野外青年地质贡献奖——金罗盘奖”；2019 年受聘为自然资源部自然资源首席科学传播专家。2020 年 3 月被授予“首都最美志愿者”称号。

前言

海绵城市的概念于2012年4月在“2012低碳城市与区域发展科技论坛”首次被提出；2013年12月12日，习近平总书记在中央城镇化工作会议上的讲话中强调：“在提升城市排水系统时要优先考虑把有限的雨水留下来，优先考虑更多利用自然力量排水，建设自然积存、自然渗透、自然净化的‘海绵城市’。”其后，《海绵城市建设技术指南——低影响开发雨水系统构建（试行）》以及仇保兴发表的《海绵城市（LID）的内涵、途径与展望》对“海绵城市”的概念给出了明确的定义。2015年10月，《国务院办公厅关于推进海绵城市建设的指导意见》指出，综合采用渗、滞、蓄、净、用、排等措施，加强海绵城市建设工作。

一直以来，地下水为人类的生存提供了优质的资源，更是我国北方许多地区主要的供水水源。而在城市化进程中，除了内涝等“城市病”，由于路面等硬化区域的增多，雨水难以渗入地下，水的自然循环过程受到影响，加之地下水的开发利用、调蓄回补缺乏科学的布局，导致地下水资源得不到及时补充，地下水水质、水量均受到影响，成为城市可持续发展的制约因素。

而海绵城市建设的实施，不仅可以充分利用雨水，减少地表径流，避免内涝的发生，更能够增加雨水下渗以补充地下水，增加区域水资源储备。而水循环过程修复，不仅可以使地下水得到涵养，进而可以回馈到自然，改善区域的环境和生态，更可以在蓄、净、用等海绵城市建设环节起到重要作用。

本书从介绍地下水的基础知识开始，通过讲述地下水的供水意义和列举由于不科学开采而导致的各种环境和灾害问题，说明保护地下水资源的重要性。并提出“水循环”在地下水资源保护和海绵城市建设中，都具有重要意义，将这两个貌似不相关的事物联系在一起。书中提出的“城市建设改变了地表状况，传统的道路硬化下垫面割裂了大气降水对地下水的补给，在破坏了水的自然循环的同时，也埋下了雨洪灾害的隐患”“海绵城市建设，解决的不仅是城市环境及生态问题，更体现了我们对自然的尊重和对地下水认知水平的提升”“城市的水循环得到修复，地下水‘活’了，海绵城市建设也就成功了”等观点，是一群水资源科技工作者在工作实践中，围绕地下水和海绵城市所进行的思考，并尝试以图册的形式进行表达，最终形成此书。希望能对促进我国的公民科学素质提升，推动地下水资源保护和海绵城市建设，起到一点作用。书中或有谬误之处，望广大读者不吝赐教。

目 录

什么是地下水

地下水 是埋藏在地表以下土层和岩石空隙中的水。

地下水的补给来源主要包括大气降水、地表水、侧向径流、农业灌溉、人工补给等。大气降水是地下水的主要补给来源。从云中降落到地面上的液态水或固态水，统称为大气降水，包括雨、雪、霰、冰雹等。

降水对地下水的时空变化和分布特征有重要的影响。雨水落到地面以后，沿着地表流向溪流或者湖泊，有的被植物吸收，有的蒸发进入大气，还有一部分渗入地下，这些渗入地下的水就形成了地下水。

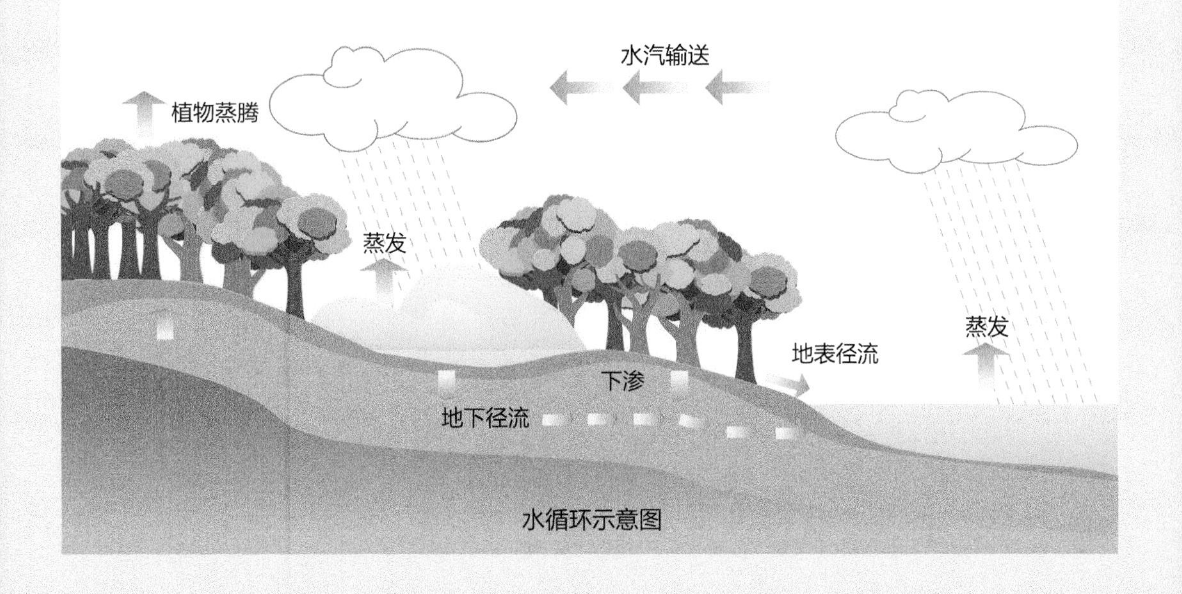

水循环示意图

地表水通过岩石中的空隙渗入地下

将岩石空隙作为地下水的储存和运动场所时，岩石空隙可分为三类，即：松散岩石中的孔隙、坚硬岩石中的裂隙和可溶岩石中的溶穴。

相应的，按照岩石类型的不同，地下水可分为孔隙水、裂隙水和岩溶水。

地下水是一种宝贵的资源，具有空间分布广、时间调节性强、水质优良等特征。

（1）空间分布广

地下水在广阔的范围里普遍分布，在空间赋存上弥补了地表水分布的不均匀性，使自然界的水资源能够被人类利用得更为充分。

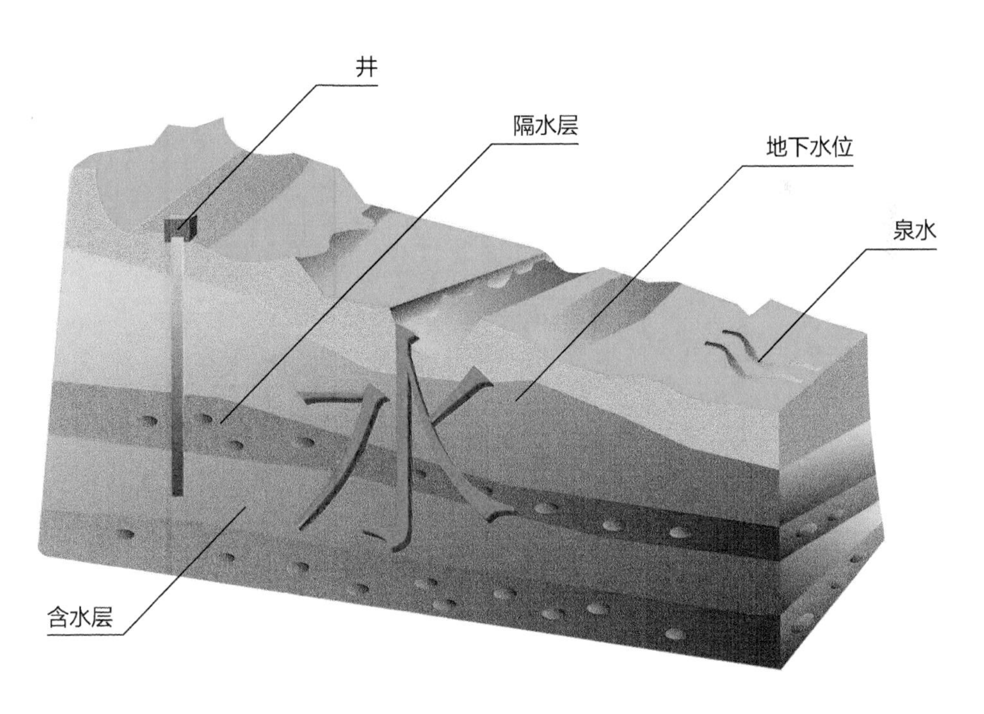

地下水的空间分布

（2）时间调节性强

地表水循环迅速，干旱半干旱地区的地表水往往在急需用水的旱季断流；为了利用它往往需要筑坝建库以进行时间上的调节。流动于岩土空隙中的地下水，受到含水介质的阻滞，循环速度远较地表水缓慢；再加上有利的地质结构能够储存地下水；地下水的这种时间调节性，对于干旱地区与干旱年份的供水尤为可贵。

干旱半干旱地区的水资源

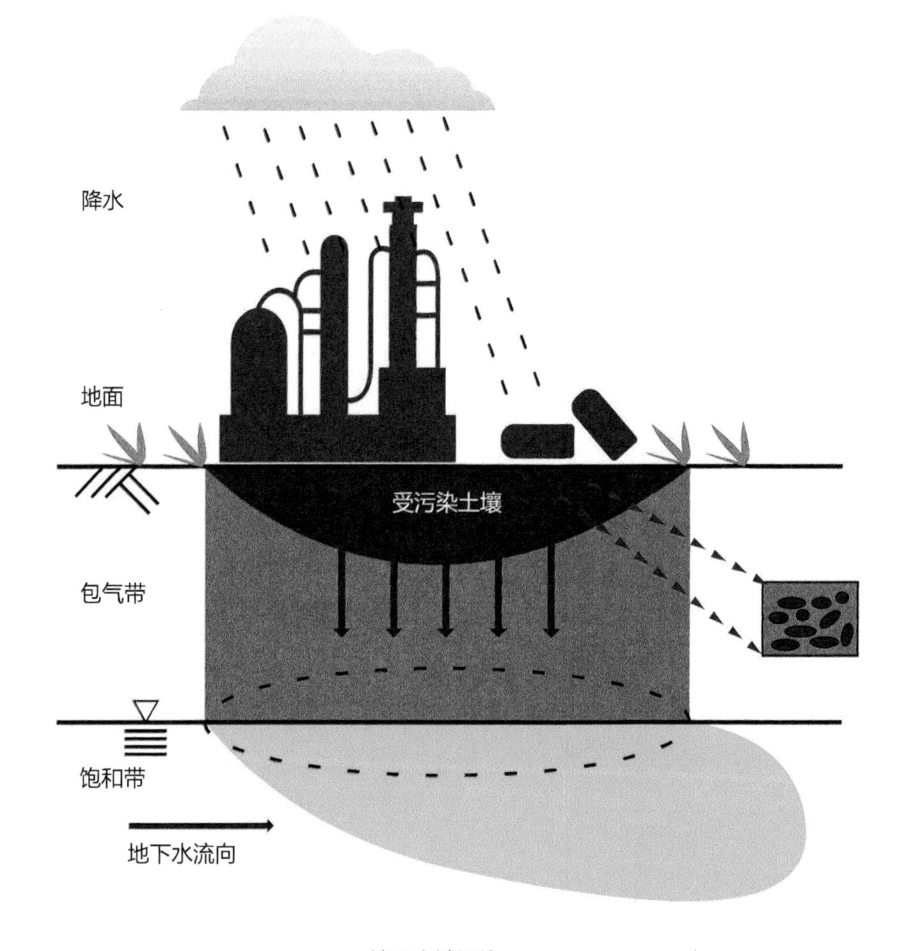

地下水被污染

（3）水质优良

只有水质符合一定要求的水才是可利用的资源。地下水在入渗与渗流过程中，由于岩层的过滤，水质比较洁净，水温变化小，不容易被污染。受地层条件影响，某些地区的地下水具有特殊的物理性质与化学成分，有地下热水、矿水、盐卤水等。地下水一旦遭受污染，再度净化非常困难。

地下水有多重要

地球确实是一个名副其实的“水球”，它有高达 13.8 亿立方千米的总水量，但你知道吗，这么多水中有 97.5% 都是咸水，存在于海洋或者其他水体里，剩下的 2.5% 淡水大部分被冻结在南极和北极的冰盖中，人类真正能利用的淡水资源，仅占地球总水量的 0.26%。

看似水量丰富的“水球”

作为水资源的重要组成部分，地下水由于自身水质良好，分布广泛，变化稳定，是理想的供水水源。在半干旱与干旱地区，地下水往往是主要的，甚至唯一的供水水源。

半干旱地区珍贵的水源

20 多亿人仰赖地下水作为最重要的水源；

33% 的所用水来自地下水；

50% 以上的粮食需要地下水灌溉。

地下水滋养万物

地下水补给河水，维护生态环境

在中国

全国近 **2/3** 的城市使用地下水供水；

全国 **40%** 的耕地使用地下水灌溉；

95% 以上的农村人口饮用地下水。

但是，中国是全球 **13** 个人均水资源最贫乏的国家之一；中国 600 多座城市中，有 **400** 多个存在供水不足问题；全国城市缺水总量为 **60** 亿立方米；首都北京人均水资源不足 **200** 立方米，为此国家不得不花巨资修建南水北调工程，以缓解京津冀等北方省市的严重缺水问题。

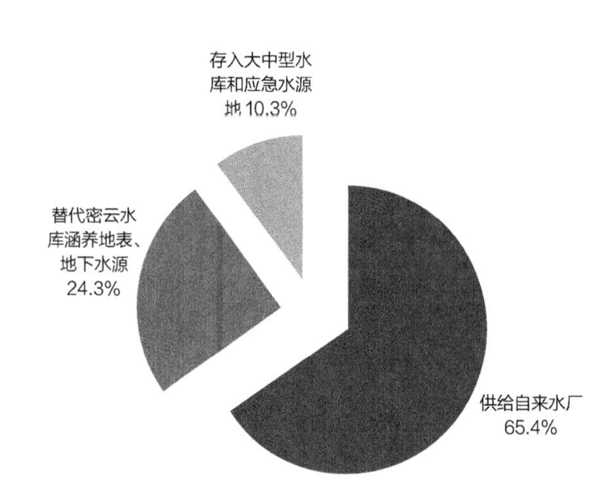

截至 2021 年 12 月南水北调入京水量利用情况

据《北京水务报》第 594 期，截至 2021 年 12 月 20 日，北京市已累计接收南水北调来水超过 73 亿立方米。

南水北调工程虽有效缓解了北京水资源紧缺形势，但水资源供需矛盾仍未得到根本解决。

南水北调工程北京段，小中河向潮白河补水

为什么要保护地下水

由于地下水的过度开采，地下水位持续下降，引发了一系列的地质环境问题，如地面沉降、地面塌陷、地裂缝、海水入侵等。

地面沉降

地面沉降指在自然和人为作用下发生的局部地表高程下降。地面的重量是由地面以下的岩土颗粒和颗粒之间的地下水共同承担的，过度开采地下水，在地表重力的压迫下，岩土之间的颗粒变小，水的支撑力就会减弱甚至消失，使得地表重力落在岩土颗粒上，地下土层被压缩，造成地面沉降。

地面沉降现象

地面塌陷

地面塌陷

地面塌陷是地表发生的塌陷现象，与地面沉降类似，但波及范围小，发生速度快，多在地表形成塌陷坑。地面塌陷的危害主要表现在突然毁坏城镇设施、工程建筑、农田，干扰破坏交通线路，造成人员伤亡等。

地裂缝引起的墙体裂缝

地裂缝

地裂缝是地表在自然或者人为因素的作用下产生开裂并在地面形成的裂缝。地裂缝的形成原因十分复杂，自然因素一般多与地震活动相关，人为因素多是过量抽取地下水导致的不均匀地面沉降。

海水入侵

海水入侵又称海水倒灌。在沿海地区，过量地开采地下水，使得地下水面低于海平面时，在压力差的“驱赶”下，海水就会侵入到淡水含水层中。海水入侵使得地下淡水咸化或者水质恶化，人体饮用后易引发氟骨症、甲状腺肿大等危害身体健康的地方病。海水入侵还会造成沼泽化和土壤盐渍化。

海水入侵示意图

被污染的水源

除了上述这些因为过度开采地下水引起的一系列问题外，城市建设过程中生活污水、工业废水、农业化肥等污染物的排放，以及垃圾填埋、化粪池、地下燃料罐的泄漏，造成了地下水污染，使得地下水的物理、化学、生物性质发生了改变。

由于埋藏于地下，地下水一旦遭到污染，污染修复难度极大，其危害可能会延续几十年甚至更长时间。

地下水与水循环

水循环通常是指在太阳辐射和重力共同作用下，大气水、地表水和地下水之间以蒸发、降水和径流等方式周而复始进行的循环。

大气中的水汽在适宜条件下形成降水。落到陆地的降水，部分汇集于江河湖沼形成地表水，部分渗入地下形成地下水。部分地表水和地下水通过蒸发和植物蒸腾返回大气圈，部分通过地表径流或地下径流返回海洋。在自然条件下，地下水通过吸收降水、径流、蒸发等方式参与水循环，其补给、径流和排泄保持着大体上的平衡。

原始状态的水循环

城市为什么会内涝

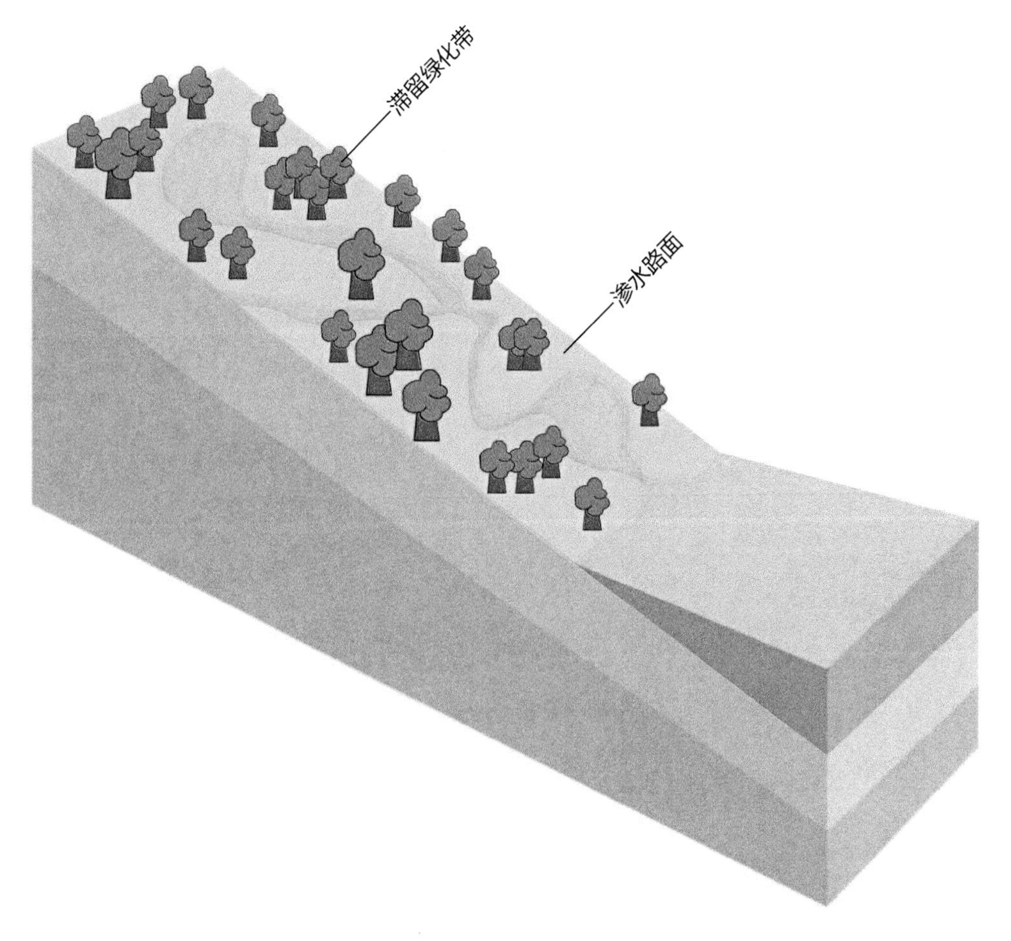

未开发环境

城市开发改变了地面透水状况

城市建设改变了地表状况，传统的道路等硬化区域影响了大气降水对地下水的补给，在破坏了水的自然循环的同时，也埋下了雨洪灾害的隐患。

城市的选址一般都从自然条件出发，考虑其地理位置、气象及水文条件等，因地制宜。

但是，城市的开发建设极大地改变了自然条件，破坏了水循环。由于不透水地面快速增加，能够吸收雨水的地面和水面急剧减少，大部分降雨转化为地表径流，主要靠排水系统集中控制，雨水排泄不畅，导致内涝威胁。

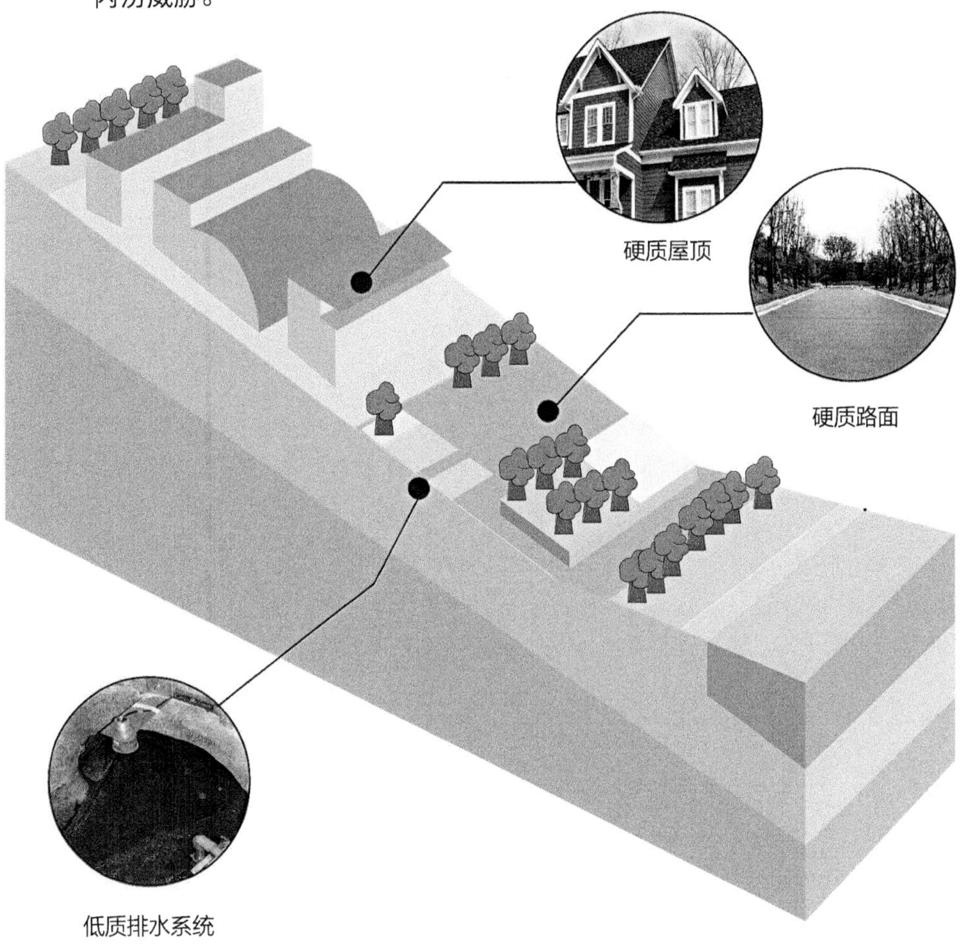

开发后环境

美国科罗拉多州海绵城市建设实例

钢筋水泥的城市让雨水难以通过地面渗透，绿地、农田、花园等减少，城市的自我调节能力也随之降低，内涝的问题只能更多地通过人工排水系统解决。

但是，中国大多数城市的下水道的排水量都是按照一年一遇的标准来设计，只有小部分地区达到 5 年一遇的标准。比如在北京，如超过 5 年一遇标准的雨量，排水系统就无法承担，路面就会出现积水，形成对比的是，欧美发达国家、日本等规定的最低限一般为 5 年或 10 年。20 世纪 70 年代美国多个州开始对雨水源头排放进行了立法规定，如科罗拉多州（1974）和宾夕法尼亚州（1978）分别制定了《雨水利用条例》，规定城市新开发区域必须实行强制的“就地滞洪蓄水”，推动了对绿色街道建设的探索。

暴雨来临，城市遭遇内涝

我国许多城市下水道不畅，一场暴雨就能使城市受灾严重，交通瘫痪，人员财产遭受损失。城市雨水问题是涉及水安全、水资源、水环境的综合问题，工程复杂且任务艰巨。严重内涝会导致全城瘫痪，造成巨大经济损失，严重威胁城市安全。同时，由于我国本身水资源匮乏且时空分布不均，水资源供需矛盾也尤为突出。

住房和城乡建设部 2010 年的调查显示，在 351 个城市中，有 213 个发生过积水内涝，占总数的 61%；内涝灾害一年超过 3 次以上的城市就有 137 个，甚至还有 57 个城市的最大积水时间超过 12 小时。

城市内涝

如何减少城市内涝

积极应对城市内涝问题，需要从多方面努力。要建立良好的防洪防涝管理模式；建设合理的排水系统，促进城市流域水系和汇水空间格局合理化；改善地表环境，减少地表径流，促进雨水就近存储、就地下渗。

把雨水转化成水资源，缓解用水紧张；让雨水入渗，补充地下水；将雨水截留在人工湖、湿地里，改善自然生态环境。

实现“雨洪资源化”，不仅是打造海绵城市的目标，也是减少城市内涝问题的关键。

城市里合理的排水系统

什么是海绵城市

海绵城市

海绵城市建设，解决的不仅是城市环境及生态问题，更体现了我们对自然的尊重和对地下水认知水平的提升。

海绵城市的科技术语是“低影响开发雨水系统构建”，是指城市在适应环境变化和应对雨水带来的自然灾害等方面具有良好的“弹性”，下雨时吸水、储水、渗水、净水，需要时将蓄存的水释放出来加以利用。

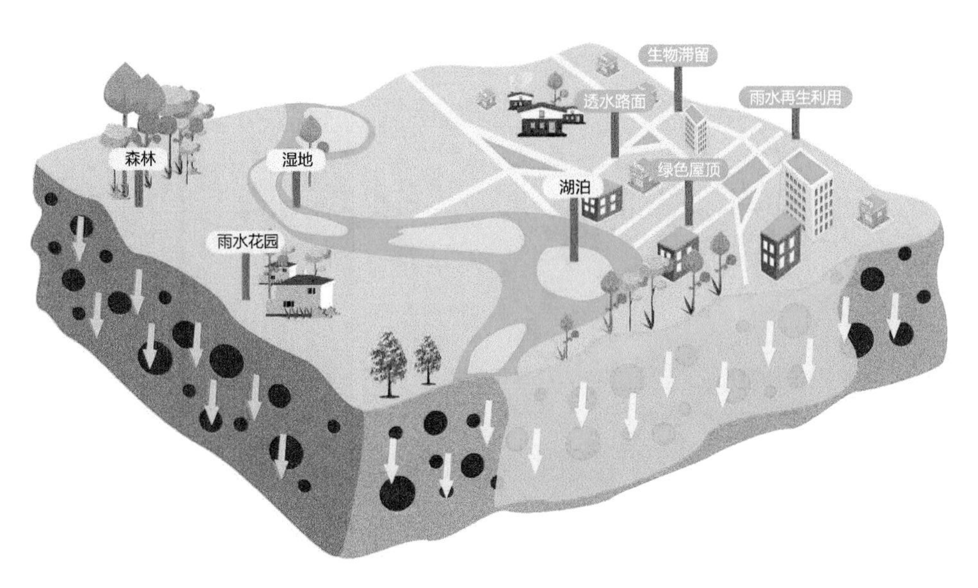

海绵城市示意图

海绵城市通过加强城市规划建设管理，充分发挥建筑、道路和绿地、水系等生态系统对雨水的吸纳、蓄渗和缓释作用，有效控制雨水径流，实现自然积存、自然渗透、自然净化的城市发展方式，不断增强城市排水防涝能力，有效减少雨水径流污染，促进雨水资源利用。

海绵城市漫画

水循环与海绵城市

从资源角度看，水循环是水资源开发利用的基础，而在雨洪灾害的成因分析中，同样可以看到水循环规律的重要性。海绵城市建设是将维持与恢复健全的水循环纳入建设与管理中。

雨水直接排入路侧下水道

对于以地下水为水源的城市，人为开采改变了地下水的径流和排泄，而城市化建设带来的硬化区域的增加，导致土壤渗透性降低，大量雨水被当做污水排走，地下水补给量大幅减少，则更大程度地改变了区域水循环的过程。

我们可以假设，在自然植被条件下，总降雨量的大约 40% 通过蒸发进入大气，10% 会形成地表径流，50% 下渗成为土壤水和地下水。而城市建设打破了这种雨水分布格局：蒸发量可能有所增加，下渗则会从 50% 减少到 10% 或者更少。而地表径流则可能从原来的 10% 增大到 50% 甚至更多，这就为雨洪灾害的产生提供了条件（伍业钢. 海绵城市设计：理念、技术、案例 [M]. 南京：江苏凤凰科学技术出版社，2016）。

海绵城市的提出，将极大地改善城市区域的水循环过程。采用多种工程措施，减少地表径流，增加雨水就地下渗，减小城市扩张对水循环的影响。

海绵城市建设的关键技术

早在秦汉时期，聪慧的中华祖先就发明了梯田，雨水的地表径流通过人工修建的坎坝或鱼鳞池塘，历经“渗、滞、蓄、用、排”径流过程，既灌溉了农作物、调蓄了水资源、防止水土流失，又没有破坏水的循环和水文规律，很好地解决了人、地、水的关系，这是世界上堪称经典的雨水管理方法。2013 年云南红河哈尼梯田成功列入世界遗产名录，成为中国的第 45 处世界遗产。中国古人也将这种人与自然和谐相处的发展方式应用到了当时的城邑和乡村建设中。

梯田

海绵城市的建设理念

综合采用“渗、滞、蓄、净、用、排”等技术措施，将城市建设成“自然积存、自然渗透、自然净化”的“海绵体”，使城市能够像海绵一样，在适应环境变化、抵御自然灾害等方面具有良好的“弹性”，实现“修复城市水生态、涵养城市水资源、改善城市水环境、保障城市水安全、复兴城市水文化”的多重目标。

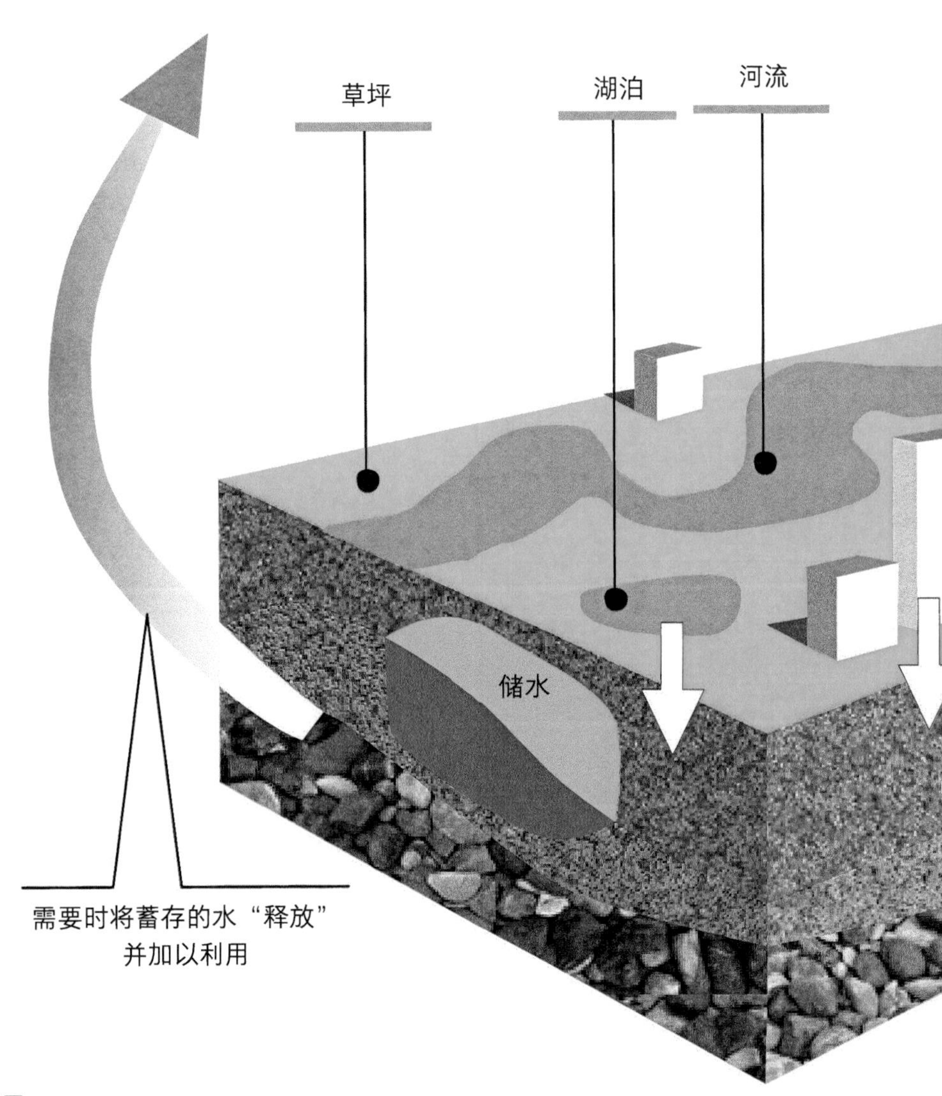

海绵城市建设示意图

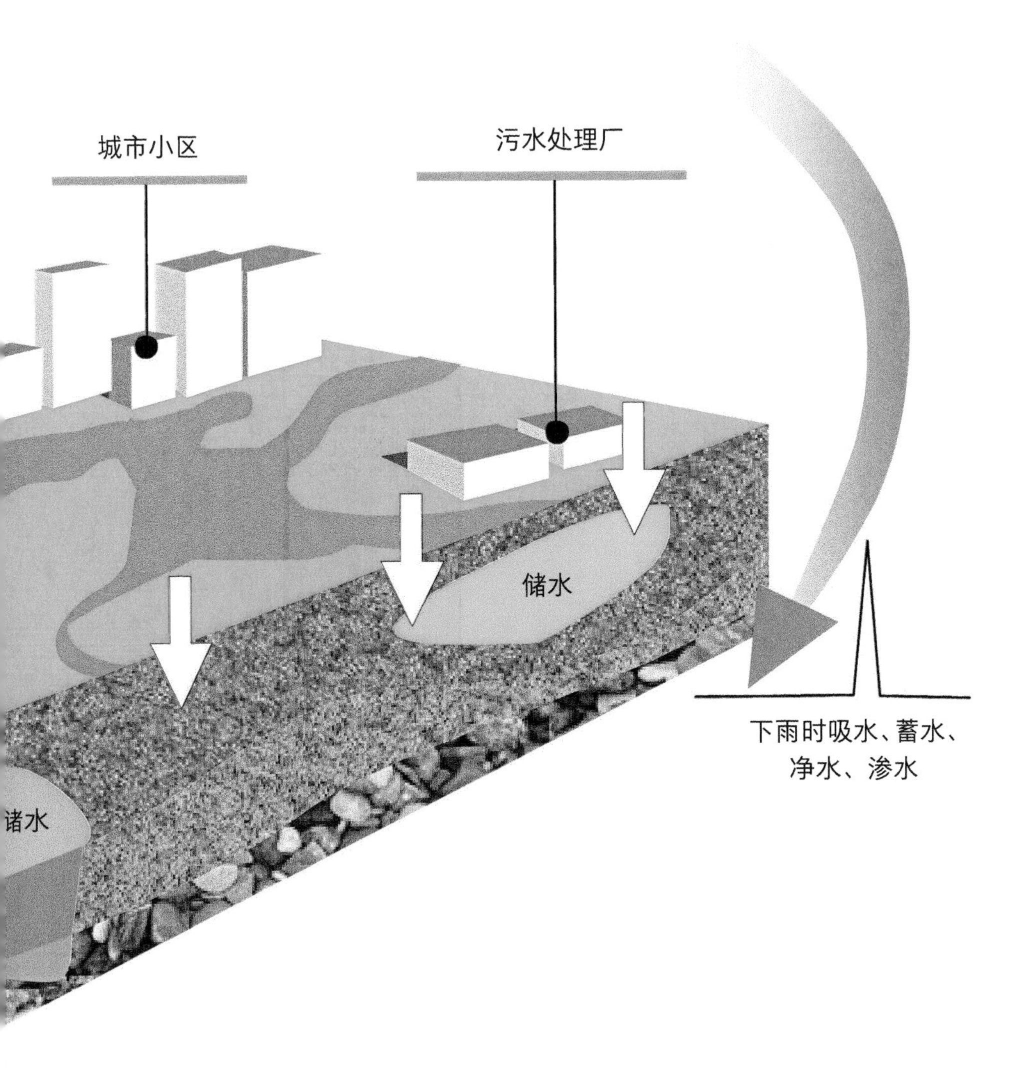
城市小区
污水处理厂
储水
储水
下雨时吸水、蓄水、
净水、渗水

海绵城市建设，以渗为先

城市建设使得硬化面积迅速加大，改变了雨水原有的路径，因此，要加强自然的渗透，把渗透放在第一位。其好处在于，可以避免地表径流，减少从水泥地面、路面汇集到管网里的水，同时，涵养地下水，补充地下水的不足，还能通过土壤净化水质。

有利于渗水的地面

渗透雨水的方法十分多样，我们可以做绿色屋顶、透水地面、渗透塘、雨水花园、透水停车场等等。

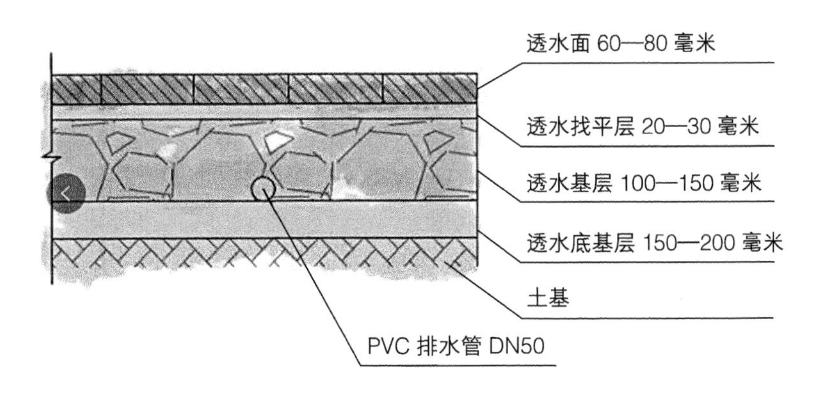

某透水地面内部结构

以城市道路为例，道路铺设时应尽量采用透水性材料，运用路面集水和储水手段，加强对雨水的截留，并将其缓慢释放至周围土壤中。

透水砖铺设路面

可透水路面

透水绿地

城市绿地作为海绵体，具有较强的下渗能力和储水能力；城市绿地对雨水的滞蓄能力受土壤性质、土壤水分特性、饱和导水率、降雨特性等方面的影响，土壤渗透性越大，产生的径流越小。同时，枯枝落叶是城市下垫面中重要的海绵体，能吸收四倍于它体积的水量；植被对降雨具有截留作用，其截留程度的强弱与气候类型、植物种类和植被类型、植物冠层结构、降雨强度等密切相关。

蓄，为雨水资源利用创造条件

利用城市河湖水域进行蓄水

“蓄”指将雨水合理地储存起来。“蓄”的方式主要包括保护、恢复和改造城市建成区内河湖水域、湿地并加以利用，因地制宜建设雨水收集调蓄设施等，主要目的是降低径流峰值流量，为雨水利用创造条件。

河道集水

“蓄”就是将雨水留在那里，要尊重自然的地形和地貌，使降雨得到自然分散，重点是有效地利用河道、池塘、湿地等可以排水、汇水的设施。

滞，延缓径流峰现时间

海绵城市的“滞”主要目的是延缓径流峰现时间，可行性措施主要包括建设下凹式绿地、植草沟、调蓄池等。当降雨量大过城市排水量时，大量存储雨水，待暴雨过去后再排放到指定出口或提前进行预排洪，降低城市排水压力，从而根本解决城市洪涝灾害。

滞流渗透绿化带

植生滞留槽

可以做滞流塘、植草沟、雨水景观滞水、下沉式绿地广场、下沉式绿地与植草沟相结合。在沿路设置下凹、斜坡，可以做成梯形、三角形、抛物线形的。水进入植草沟后，植草沟要设置坡度，相当于以前的明渠，水通过绿带，进入下凹绿地里面。

净，减少污染

海绵城市的“净”指通过物理、化学或生物手段截留雨水中的悬浮和溶解污染物，从而使雨水水质得到改善。通过植物、沙土的综合作用使雨水得到净化，并使之逐渐渗入土壤，涵养地下水。

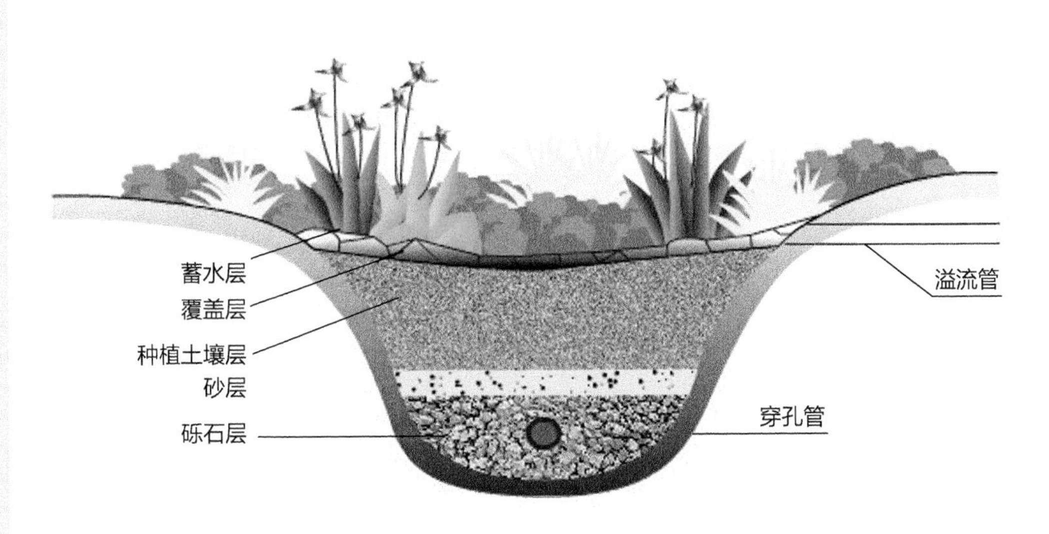

土壤净化雨水

自然净化过程

地下水中各种物理化学成分和地表的天然通道使其具备了微生物生长发育所需的营养、水分、酸碱度、渗透压和温度等条件，为微生物提供了良好的生存场所，研究地下水中的微生物及其在净化地下水中的作用成为人们十分关注的重点课题。

用，提高雨水利用率

城市雨水收集利用方式主要包括屋面雨水利用、屋顶绿化雨水利用、园区雨水利用和回灌地下水雨水利用四种。由于天然雨水具有硬度低、污染物少等优点，它在减少城市雨洪危害，开拓水源方面正日益发挥重要作用。

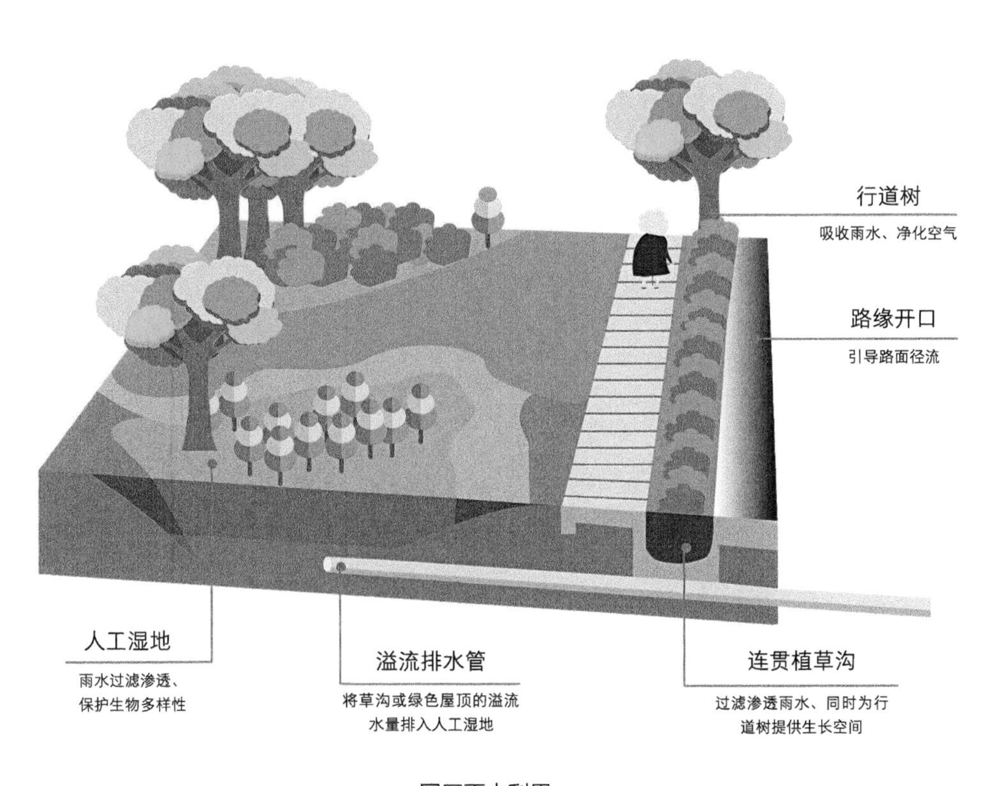

园区雨水利用

雨水经收集和一定处理后，除用于浇灌农作物、补充地下水外，还可用于景观环境、绿化、洗车场用水，道路冲洗、冷却水补充、冲厕及一些其他非生活用水用途。

雨水回收利用，减少自来水需求

地质工作者对水质进行监测

湖南省常德市雨水利用示范

雨水景观利用

排，避免内涝灾害

当降雨峰值过大的时候，采用地面排水与地下雨水管渠相结合的方式来实现一般排放和超标雨水的排放，避免内涝等灾害。

经过雨水花园、生态滞留区、渗透池净化之后蓄起来的雨水可用于绿化灌溉、日常生活，也可用于城市水利主题公园建设，形成生态景观，供居民休闲，多余的部分经市政管网排进河流。这不仅降低了雨水峰值过高时出现积水的概率，也形成了防洪、回灌、景观、生态、休闲、科教等多功能的共享空间。

城市生态用水主题公园

海绵城市不等于抗洪减灾

海绵城市国际通用术语为“低影响开发雨水系统构建”。关键词是“低影响”。海绵城市仅仅是减少内涝的发生概率。遇到强降雨，最常见的办法还是快速排出，这要靠基本排水工程，排水管径大小要合适，需要对原有管道进行改扩建。

城市道路排水工程

下水道井盖

蓄水池

我国许多城市存在下水道不畅，据统计，北京近 8 成的雨水排水管道内有沉积物，约一半的雨水排水管道内沉积物的厚度占管道直径的 10% 至 50%，个别管道内沉积物厚度甚至占到管道直径的 65% 以上，直接影响了城市排水系统功能的发挥。

因地制宜建设海绵城市

在满足蓄洪和回灌等水利功能前提下开展的景观绿化建设

自然地理的差异性和城市水环境问题的特殊性决定了海绵城市建设必须坚持因地制宜的原则。不同地理区位的城市在气候、水文、土壤、地形地貌等方面存在显著差别，应充分考虑南北差异与东西区别，根据城市自然条件进行海绵城市建设。

柏林波茨坦广场景观水体

德国城市地下管网的发达程度与排污能力处于世界领先地位，是世界上雨水收集、处理、利用技术最先进的国家之一，对雨水的排放有明确的规定，并且通过各种市场管理手段推广。德国城市都拥有现代化的排水设施，不仅能够高效排水排污，还能起到平衡城市生态系统的作用。

美国现代雨洪管理：经历三十多年的发展，其发展历程极具代表性——注重收集雨水、储存并净化之，采用可提高天然渗透能力的措施，与绿地、水体植被等自然景观生态设计相融合，将径流控制在源头。

美国道路绿色基础设施

新加坡加冷河 - 碧山公园

新加坡的土地资源十分有限，人们对水的需求量不断上升，新加坡人口大约有 86% 居住在高层建筑上，他们安装轻型屋顶作为集水区，把收集的雨水保存在屋顶上单独的水箱内，用于非饮用目的。由政府出资，把滨海盆地围成一个大水库，建造“实里达 / 实龙岗”蓄水池，并把所有的蓄水池连接起来，使集水区范围增至全国土地面积的三分之二。

新加坡中心城区最受民众欢迎的公园之一——加冷河 - 碧山公园是新加坡海绵城市建设的代表作之一，该项目既强调了水资源供给和洪水管理的双重需求，同时又为城市之中的人们和自然创造了空间，自然化的河流成为全国雨水收集系统的一部分，用作饮用水源，从而有助于新加坡水资源的独立（新加坡一部分饮用水需从国外进口），在政治和经济上具有重要意义。

1992 年，日本开始修建新的下水道排水系统。这个下水道系统被称为“首都圈外郭放水路”，全长 6.3 千米，是日本东京地区的巨型分洪工程。它连接着东京市内长达 15700 千米的城市下水道，并通往东京北郊地下 50 米处的一条直径 10.6 米的地下隧道，并通过五个巨大的竖井连通附近的河流，分洪排入大海。

东京某处泵房

东京地下蓄水池

生态景观

相比美国、德国、新加坡、日本等发达国家的城市雨洪管理系统建设，中国在海绵城市的研究及实践方面起步相对较晚，因此汲取全球人类智慧精华，正视生态灾害的影响警示及其严峻挑战，借鉴国际上成功的建设经验与实践案例，结合我国的国情气候地理等因素的差异，研究我国海绵城市理论的内容目标、技术方法、构建途径及其实施策略，对我国海绵城市的构建具有积极而重大的现实意义。

海绵型建筑与小区——深圳万科云城

自 2013 年党中央、国务院全面部署海绵城市建设工作以来，已有 30 个城市入选全国海绵城市试点，每个区县都在积极准备海绵城市整体规划、试点申报 [或 PPP（政府和社会资本合作）方案]、专项设计、工程建设等，全国范围内掀起了海绵城市建设热潮。

深圳万科运城海绵城市建设场景：汇集周边的屋面、平台、台阶、硬质铺装的雨水，通过台阶旁的绿植消能，通过台阶下凹草地内的湿地植物净化，最终进入下凹草坪消纳，较高水位的雨水通过溢水管排出

哈尔滨群力雨洪公园是创造水适应景观的实例。首先，保留湿地，作为大自然演替区域；其次，沿湿地四周利用填挖方技术，创造出一系列高低不一的土丘景观和深浅不一的水坑景观，作为雨水过滤和净化的缓冲区域，为湿地生物种群提供了栖息地，使生态系统得到了恢复和改善；最后，在水坑中布置亲水平台，在山丘之间布置高架栈桥、平台等一系列景观体验空间。

哈尔滨群力雨洪公园城市海绵体建成实景

2015 年 3 月，常德市成为“全国首批海绵城市建设试点城市”，屈原公园被定为常德市海绵城市示范公园，并于当年进行了全面改造，沅安路、九重天小区和公园内的雨水将分为 3 个区在屈原公园范围内集中调蓄、处理，每个分区采用生态滤池进行雨水净化，运用下沉式绿地、雨水花园和渗透塘进行水的收集和净化处理，处理后的水则缓排到护城河和公园内湖。改造完成后，市民不仅可以观赏湖光水色，还可以在湖边亲水嬉戏。

常德市屈原公园绿色海绵系统

深圳市龙华区锦绣科技园

深圳市龙华区锦绣科技园占地 8.6 万平方米，其中 2.4 万平方米建设透水铺装、下凹绿地、生态草沟、雨水花园、雨水湿地五位一体的海绵设施，雨水处理达标后，全部回用于道路冲洒、绿化用水及冲厕用水，雨水收集利用率达到 100%。此外，锦绣科技园园区内还建有污水处理设施，设计日处理量 1000 立方米，每年可减少污水排放 31.68 万立方米，扣除运营成本后，每年可节约费用 65.42 万元，实现了水资源循环利用及污水零排放。

“地上”是城市靓丽风貌，“地下”是城市良心所在。海绵城市的建设，应改变“重地上、轻地下”的现象，地上建设开发固然美丽，但是地下设施更为关键，应当统筹考虑地表径流与地下水入渗、补给，尤其应当重视雨水的净化问题，将“干净”的雨水回补地下。

传统开发

传统开发与低影响开发对比图

低影响开发

目前我国有不少城市都具有情况复杂的历史问题，特别是大城市中的老城区，几乎无法实施大规模的海绵城市建设。对于老城区的城市内涝防治，应当因地制宜，可采取的措施有：增设下凹式绿地和植草沟等，减少雨水流入下水管道的水量；运用可利用的池塘、水体、人工调蓄池等调蓄设施，拦蓄洪涝；结合城市道路、园林等设施维护和升级，提高排水除涝能力，建设地下洪涝储蓄场所。

滞留雨水的绿化设施

北京的海绵城市建设

北京地处华北平原东北部，属典型暖温带半湿润半干旱大陆性季风气候，1961—2017 年全市多年平均降水量 571.12 毫米，大气降水具有华北平原降水的典型特点：降水量少，空间上分布不均，年内、年际变化大，1999—2010 年连续多年干旱。

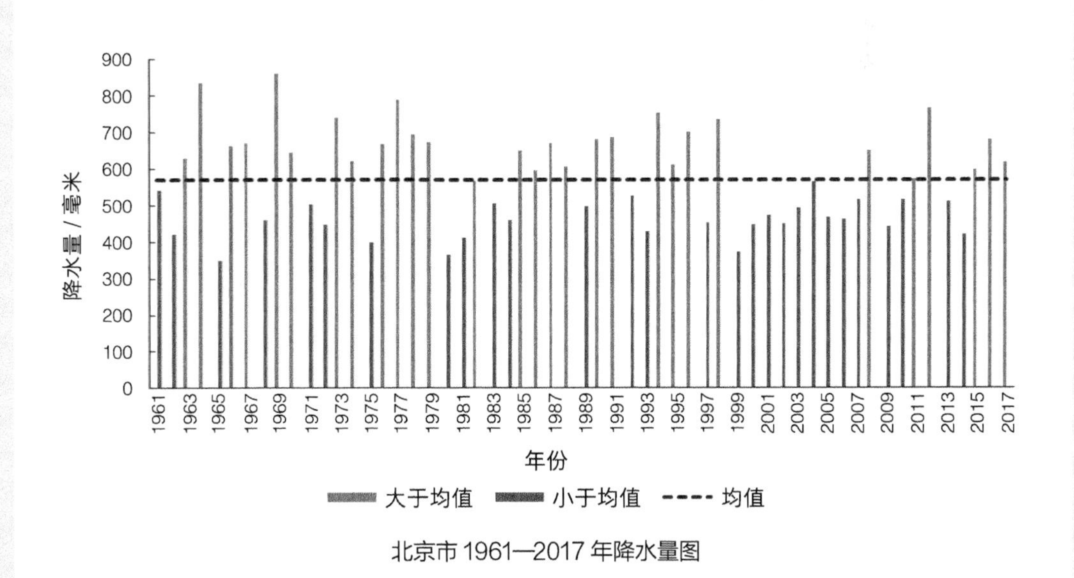

北京市 1961—2017 年降水量图

北京雨洪水的季节不平衡性突出，一年中绝大部分降水集中在 6—9 月份，其余则为枯水期，1999—2010 年连续多年干旱。降水的时间分配不均衡造成了北京地区过度倚重地下水资源。

地下水位急剧下降，地下水资源亏损严重，地下水污染加剧，地下水环境急需改善，兼顾雨洪资源时空分布特征以及水资源利用现状，合理进行海绵城市建设是合理调控雨洪资源的最佳方式之一。

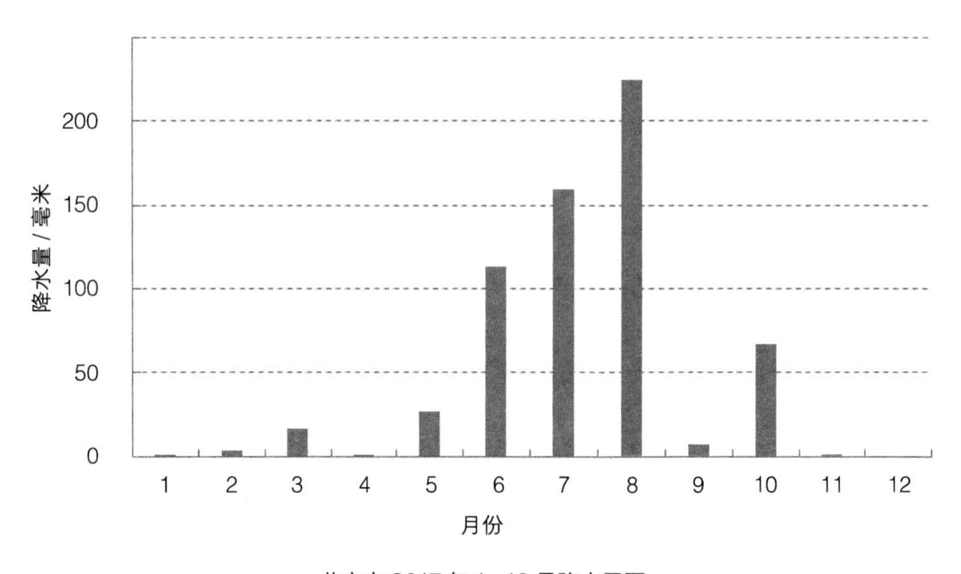

北京市 2017 年 1—12 月降水量图

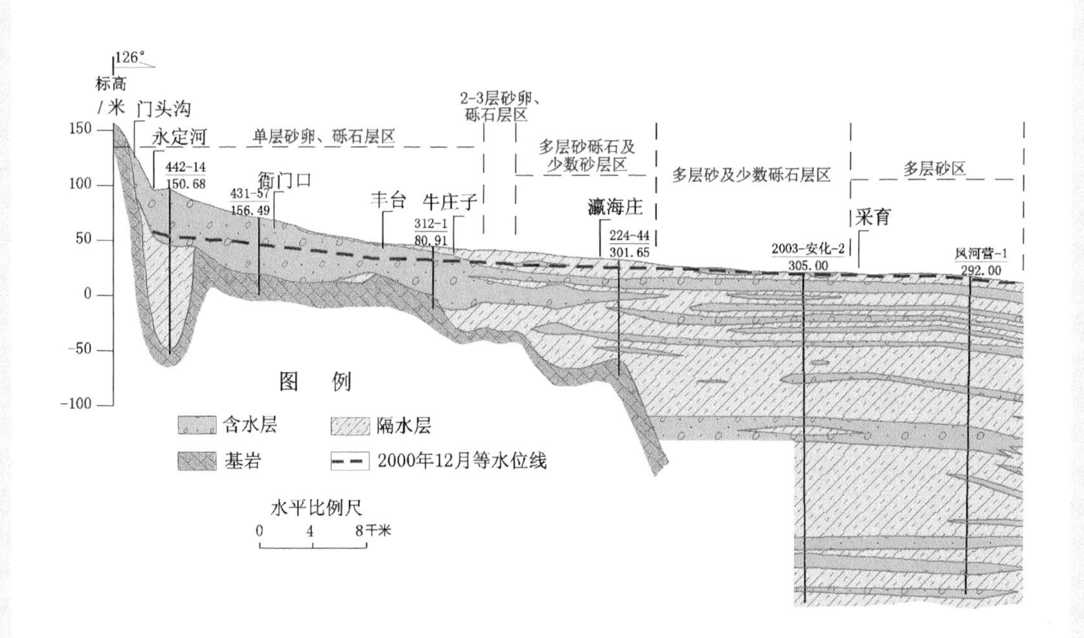

北京地区含水层分布规律

北京的海绵城市建设与其地质条件密切相关。

北京的平原区由永定河、潮白河、温榆河等主要河流冲洪积作用形成，河流由西北山区流向东南平原，河流出山后堆积粗大岩性的颗粒，向下游逐渐变细，层次增多，形成广大的冲洪积平原。平缓地形可以减缓雨洪流速，增加其滞留时间，有利于雨洪水的地表积蓄。

地下水的大量开采，引起了地下水位的大幅下降，地下水超采严重，个别地区甚至形成了巨大的地下水降落漏斗，为雨洪水资源的回灌提供了巨大的储水空间。

超采地下水造成泉水断流，图为北京汉家川温泉

北京密云水库

地下储存空间是地下水人工补给的最主要的自然限制条件。北京市平原区各地下水系统的中上部地带，由于河流冲洪积地质作用，含水层结构简单、岩性颗粒粗大，厚度大、富水性好，向下游岩性变细层次增多，具有自然阻水边界，是理想的地下水储存空间，成为天然的“地下水库”。

北京地表水受北京自然地理、气象影响，在丰水时节会出现上游洪水的现象，并且在连续丰水年来水量大，由于南水北调水产生的替代作用，地表水会出现节余的情况。因此，建设海绵城市需积极实施地下水回灌，存储雨水和丰富的地表水。

2020 年春季北京地表水回补

地下水的回灌具有两种方式：地面入渗法和地下灌注法。对于地面入渗具体利用的方式有河道入渗、渗渠、渗透池、未达到地下水位的竖井、地面漫灌等；地下灌注法主要指的是采用管井的方式将水质达标的水资源直接注入含水层的方式。北京市具有通过地面入渗向地下回灌水资源的优良条件。

在北京市平原区分布有众多的河流和农业灌溉的渠道，自然河道和未衬砌的渠道，历来就是大气降水、地表水补给北京地下水的主要方式。

可用于雨洪回灌的渠道

北京西郊砂石坑人工回补试验

在北京西郊地区开采建筑砂石料，产生了一些砂石坑，而这些砂石坑位于永定河冲洪积扇的顶部，含水层为单一的砂卵石层，地层的渗透性能好，有利于地下水回补。砂石坑是进行地下水人工调蓄的极好场所，它具有容积大、岩性单一、颗粒粗、渗透性强、吞吐量大、地下水流速快、影响范围内水位回升明显等优点。因此，在北京西郊地区，可考虑利用砂石坑回灌大区域、大范围内所汇集的雨洪以及水库弃水。

北京城历史悠久，存在着大范围的老城区，几乎无法实施大规模的海绵城市建设。为此，除增设下凹式绿地和植草沟等，减少雨水流入下水管道的水量外，北京市积极推进了老城区雨洪利用示范工程建设。将汛期来自屋顶、庭院、道路及绿地的雨水，经管线收集、去除初期径流沉淀过滤后，再进行回灌，补充地下水，涵养地下水源，使雨洪工程和社区环境改善有机结合，实现工程效益和环境效益的协调统一。

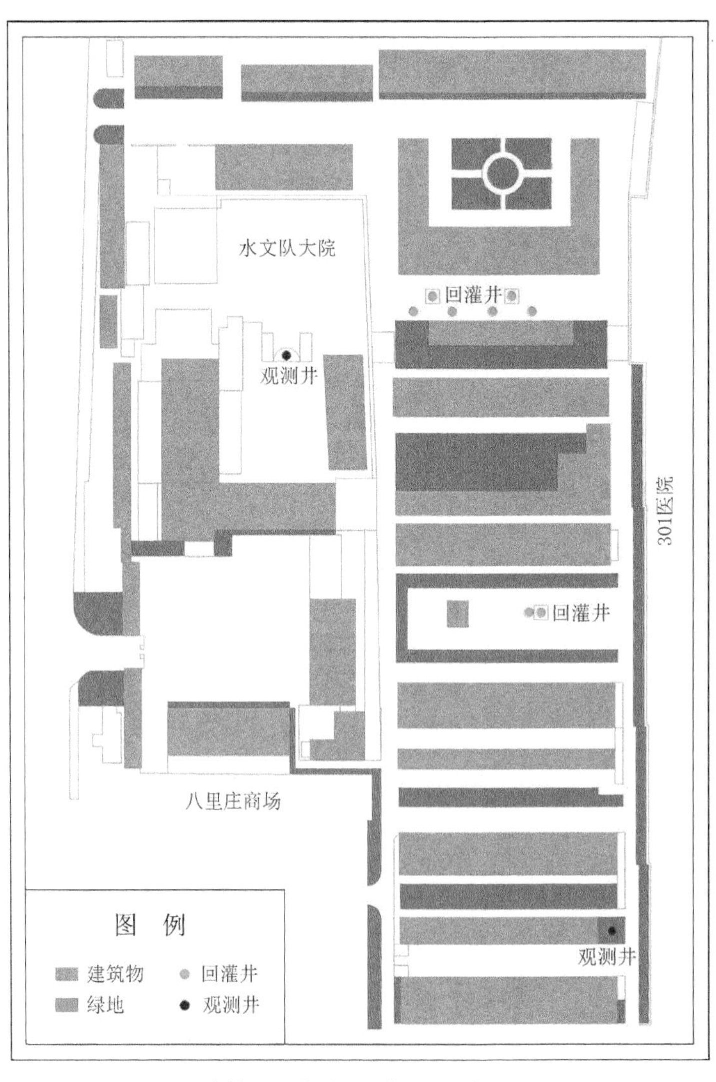

老城区雨洪利用示范工程分布图

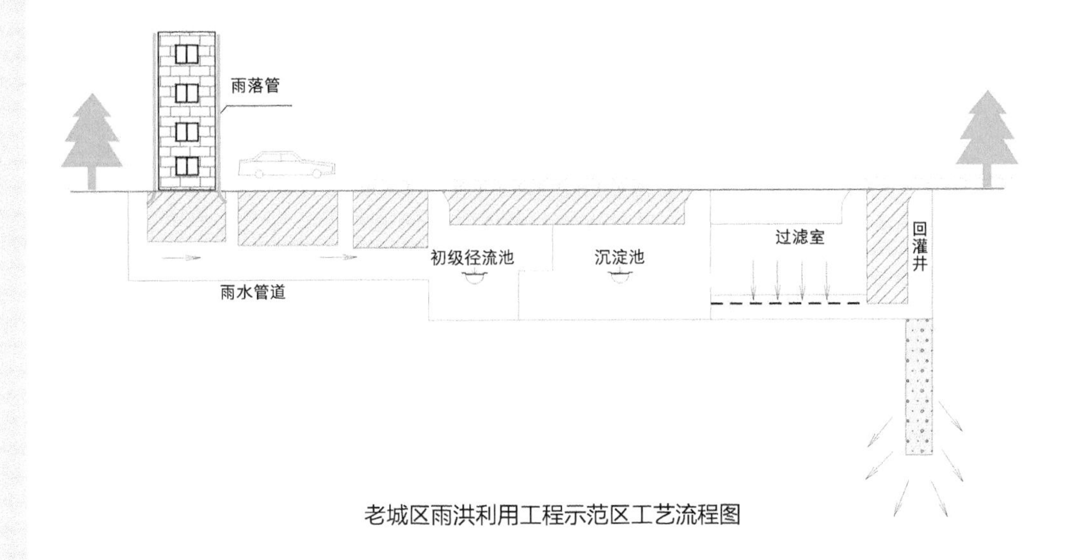

老城区雨洪利用工程示范区工艺流程图

另外，根据北京市规划，要加强老城区历史水系恢复和核心区水系互联互通。目前前门三里河地区已经实现景观水系和绿地的恢复性建设。注重恢复河床自然形态，种植了数百棵苗木以及上万平方米的地被植物和水生植物等，并运用雨洪调蓄系统构建绿色生态环境。

前门三里河更新后实景

循环利用雨水的“鸟巢”

2008 年第 29 届夏季奥林匹克运动会的举办，使北京奥林匹克公园举世瞩目。奥运主场馆全部建有先进的雨水净化循环系统。北京奥林匹克公园中的重要景观、各种硬化路面及绿地、龙形水系等的设计都考虑了水资源的循环利用，把雨洪控制与净化利用纳入到实际的建设中，实现雨水收集资源化。这样，一方面缓解了北京水资源缺乏与奥林匹克公园需水的供需矛盾；另一方面，也减轻了奥林匹克公园及周边的防洪和排水压力。

鸟巢

北京奥林匹克公园展现的是一个多元性的综合生态水利规划设计，有雨洪收集、再生水利用、循环过滤净化、湿地净化等各种工程设施，总水系面积 84.2 公顷，总蓄水量 130 万立方米，这些工程设施的外在形式表现为公园内的景观路面、休闲绿地、下沉花园、龙形水系、森林

公园等，既做到了节水养水，同时还营造了一道亮丽的景观带。整个奥林匹克公园每年的用水量超过 1700 万立方米，其中再生水就有 800 万立方米，将近占全年总用水量的一半。

北京奥林匹克公园

在中轴大道的两侧，各设置一条透水性雨洪集水沟，以便能够更好地收集雨水；公园内的绿地部分均比周围的路面或广场下凹 50—100 毫米，路面和广场的雨水可经过绿地入渗或外排；雨水渗透井可以去除降雨过程中初期较脏的雨水，在这些地面设施的下方，安装有过滤膜、渗滤沟、雨水收集池以及泵站等地下设备，这样组成了一套整体性的公园雨水利用系统，能够将雨水就地过滤、净化、回用，设计标准为 50 年一遇的洪水可全部蓄积于园内，每年可下渗、收集回用雨水 150 万立方米以上。

奥林匹克公园景观

奥林匹克公园透水路面及下凹绿地

自20世纪80年代以来，北京在留住雨水、利用雨洪方面进行了长期的研究和实践，并在众多城市建设项目中推广应用，积累了丰富的经验。西郊雨洪调蓄工程便是代表作之一。

北京地形为西北高、东南低，在北京西郊雨洪调蓄工程建成之前，西边部分地区的洪水汇入中心城区的护城河，加大了城区防洪排水压力。西郊雨洪调蓄工程是北京中心城区“西蓄、东排、南北分洪”城市防洪体系中的重要组成部分。利用西郊雨洪调蓄工程蓄滞洪水；利用南旱河出口处节制闸控制下泄；利用玉渊潭调蓄、控制下泄。在设计时除了考虑汛期调蓄功能，还考虑了通过截污绿化，形成生态景观，供居民休闲的功能，使其成为一处风景秀丽的滨水乐园。

北京玉渊潭公园一角

地下水“活”了，海绵城市建设也就成功了

古今中外均有大量的经验值得当代城市学习与借鉴。但值得强调的是，中国南北城市的自然地理和水环境差异巨大，针对不同地区进行海绵城市建设，要避免生搬硬套。海绵城市建设既是系统工程，也是一项智慧工程，而因地制宜则是海绵城市理论研究与实践的基本原则。

有利于渗水的路面

湿地

城市雨水生态利用

我国的海绵城市规划以“维系水生态、保护水环境、涵养水资源、保障水安全、复兴水文化”为目标导向，补给和涵养地下水，提高城市水资源储量，缓解用水压力是海绵城市建设的重点。

在海绵城市的建设过程中，充分尊重水、土、地形、植被等自然条件，营造能引导自然修复的环境，使城市像海绵一样，恢复“弹性”。在降雨时吸收、蓄存、净化雨水，补充地下水，调节水循环；在需要用水时，将蓄存的水释放，加以开发利用。

城市的水循环得到修复，地下水“活”了，水在城市中的迁移、活动越来越自然，海绵城市建设也就成功了。